应急管理部宣传教育中心　组织编写

防灾小卫士绘本

城市内涝与应急避险

胡潭高　李瑶　张英　著

地震出版社

图书在版编目（CIP）数据

城市内涝与应急避险 / 胡潭高 , 李瑶 , 张英著 . -- 北京 : 地震出版社 , 2022.6

ISBN 978-7-5028-5438-6

Ⅰ.①城… Ⅱ.①胡… ②李… ③张… Ⅲ.①城市—暴雨—水灾—应急对策 Ⅳ.①P426.616

中国版本图书馆 CIP 数据核字（2022）第 055377 号

地震版　　XM5156 / P（6256）

城市内涝与应急避险

胡潭高　李　瑶　张　英　著

责任编辑：凌　樱

策划编辑：凌　樱

责任校对：鄂真妮

出版发行：**地 震 出 版 社**

北京市海淀区民族大学南路 9 号　　　　邮编：100081

发行部：68423031　68467991　　　传真：68467991

总编室：68462709　68423029

http://seismologicalpress.com

经销：全国各地新华书店

印刷：河北文盛印刷有限公司

版（印）次：2022 年 6 月第一版　　2022 年 6 月第一次印刷

开本：787×1092　1/16

字数：45

印张：2

书号：ISBN 978-7-5028-5438-6

定价：25.00 元

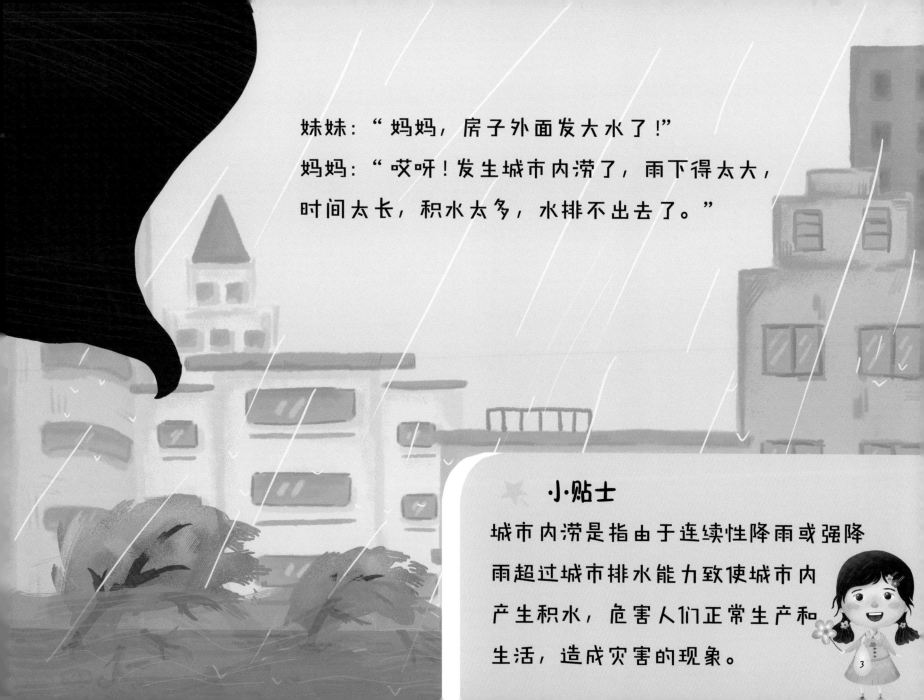

妹妹:"妈妈,房子外面发大水了!"

妈妈:"哎呀!发生城市内涝了,雨下得太大,时间太长,积水太多,水排不出去了。"

小贴士

城市内涝是指由于连续性降雨或强降雨超过城市排水能力致使城市内产生积水,危害人们正常生产和生活,造成灾害的现象。

3

我国每年有上百座城市发生内涝，城市内涝的原因有很多，我们一起来查阅资料学习一下吧！

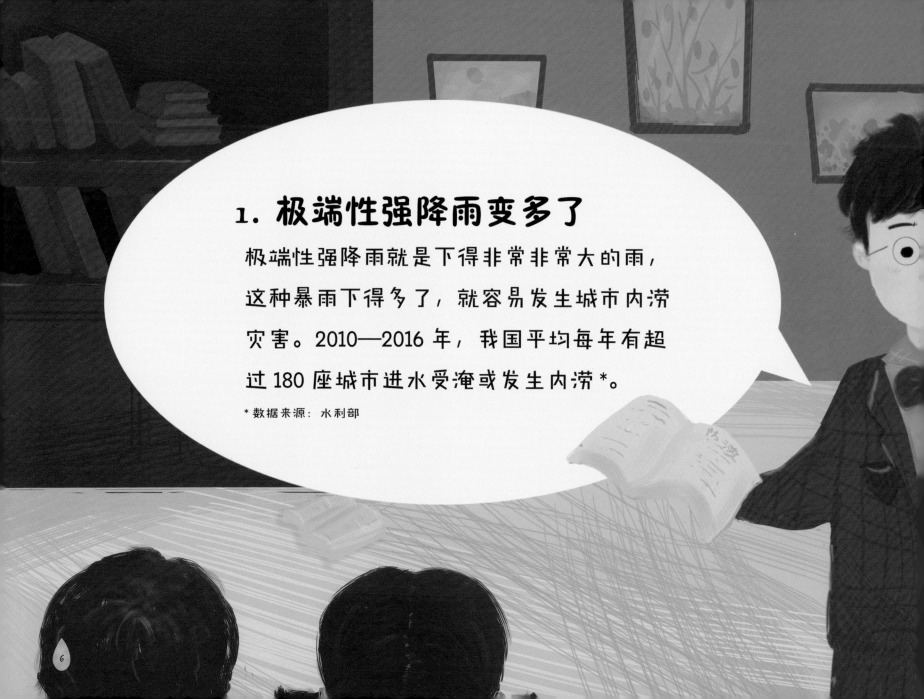

1. 极端性强降雨变多了

极端性强降雨就是下得非常非常大的雨，这种暴雨下得多了，就容易发生城市内涝灾害。2010—2016 年，我国平均每年有超过 180 座城市进水受淹或发生内涝 *。

* 数据来源：水利部

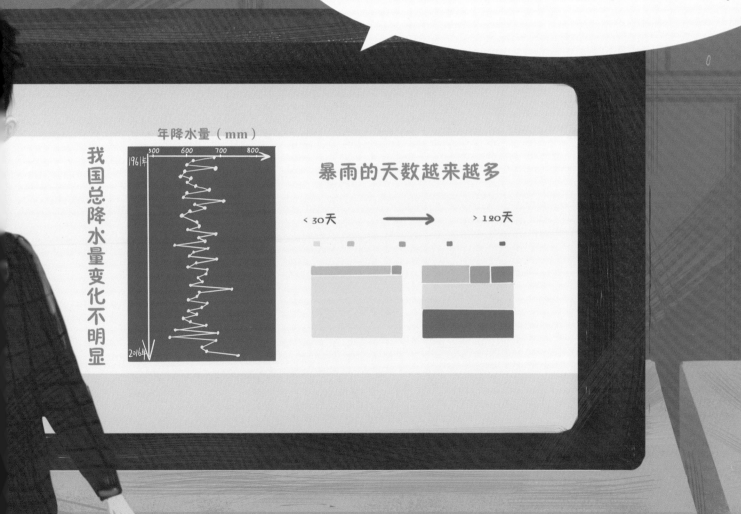

2. 城市自己的自然条件

有些城市自己的自然条件让城市内涝很容易发生，如暴雨和高温同时发生（雨热同期）、梅雨、地势低洼，等等。

雨热同期

梅雨

地势低洼

降雨量（mm）

城市	降雨量	城市	降雨量	城市	降雨量	城市	降雨量
呼和浩特	531.3	济南	1008.2	南昌	1869	西宁	444.1
太原	528.4	南京	1807.7	贵阳	1045.8	郑州	833
银川	264.9	上海	1596.1	福州	2263.4	天津	608.6
拉萨	551.6	杭州	1797.3	广州	2939.7	长沙	1704.8
哈尔滨	537.8	南宁	1564.4	合肥	1502	乌鲁木齐	387.1
沈阳	968	昆明	1150.2	武汉	1827.1		
长春	890.8	海口	1913.7	石家庄	712.6		
北京	669.1						

* 数据来源：新京报

2016 年我国主要城市年降雨量 *

3. 城市中的土地被压住，水不能愉快地玩耍

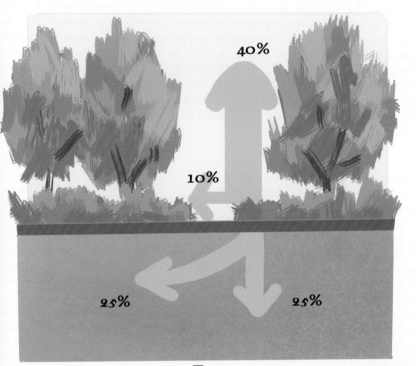

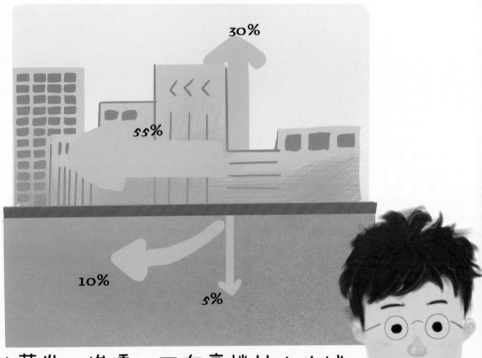

在野外，土地是露在外面的，水能顺利地蒸发、渗透。而在高楼林立的城市里，土地大都被水泥路、柏油路压住了，水的蒸发渗透变得困难重重，不能像它在野外的同胞那样愉快地玩耍，从而造成城市内涝。

4. 城市里的河湖领地越来越小.

城市的领地越来越大，挤占了河、湖、库塘、湿地等水面的地盘。河湖等是雨水的收容所，它们的面积减小了，暴雨带来的大量雨水无家可归，只能跑到城市的大街小巷搞破坏去了。

5. 下水道等设施的建设赶不上城市发展的脚步

城市里下水道等管网的建设赶不上城市发展的脚步。因为管网的年龄大了，对付一波波袭来的暴雨，它们有些力不从心。

6. 其他原因

有些垃圾没有去它们该去的地方：大块头建筑垃圾堵住通道，臭烘烘的生活垃圾堵住管道。有些井盖破损了，失去了本来的功能。有些河道里淤泥大大咧咧地住下，没有被及时清理，还有负责抽水的泵站故障，也都是导致城市内涝的原因。

建筑垃圾堵住通道

生活垃圾堵住管道

所以呀，城市内涝是由于极端性降雨增多、城市河湖面积缩小、城市管网建设跟不上发展等原因造成的。

泵站故障

井盖破损

掉入下水井

我们小区地势比较低，非常容易积水。那我们现在就来学习一些如何在内涝灾害中避免危险的知识吧。

避险建议 1： 远离低洼处

隧道、涵洞、地下通道及立交桥下易积水，应尽量避开，绕道出行。开车时如遇涨水，应弃车逃生；若被困在车中，找可用工具敲碎车窗后，迅速逃生。

避险建议 2： 当心下水井盖

　　下大暴雨时，排水管可能从明流变成有压流，容易把井盖顶开，在水面上形成漩涡。行人应特别注意路面情况，如发现积水中有漩涡、突泉，可能是没有盖子的窨井，一定要绕行。在接触积水时，应穿上雨靴。

避险建议 3： 远离电线杆、变压器等可能带电的物体

　　暴雨期间，电线杆可能会有漏电的情况，导致周围水体带电。距离漏电处越远，危险越小。如感到脚下发麻，应立刻止步并后退。如看到有人触电倒在水中，要及时向周围的大人求助，并提醒大人在做好绝缘防护的情况下再救人。

避险建议 4： 洪水进屋，首先应拉闸断电

洪水漫入屋时，应及时拉闸断电。逃生时，不要沿着洪水流淌的方向跑，要向两侧快速躲避，或向较高处转移；若无法向外逃生，则可爬上楼顶等高处避险。

避险建议 5: 地下·公共场所积水应迅速断电，有序撤离

　　当洪水漫入地下商场等公共场所时，电会被迅速切断。若你正好在那里，应跟随应急灯的指示找到最近的安全出口，不拥挤、不哭闹，有序撤离。

避险建议 6： 远离危旧房屋及建筑工地

危旧房屋泡水后有倒塌风险，而建筑工地情况比较复杂，也容易发生意外，应尽量避开。

避险建议 7： 不要游泳逃生

如洪水继续上涨，千万不要游泳逃生，应迅速寻找门板等能够漂浮在水上的材料爬上去或抱住逃生，如身边有救生衣，应立即穿上。

避险建议 8： 要注意饮食卫生

　　洪水过后，应避免饮用未煮沸的生水。食物要生熟分开，剩食用前要加热。不要食用易带致病菌的食物。

活动任务1:认识暴雨预警信号

让我们一起来认识暴雨预警信号吧!

暴雨预警分蓝、黄、橙、红四个等级,危险程度依次增加。

活动任务2:自制简易雨量计

1. 把饮料瓶割成这样的两段。

2. 找一个纸杯,去掉底部。

3. 把纸杯放在饮料瓶内。

4. 把切下来的饮料瓶嘴放进纸杯内,使劲按一下。

5. 在一张卡片纸上面画上测量降雨量的标准刻度。

6. 最后把画好的刻度卡片贴在饮料瓶上,用透明胶带粘好。

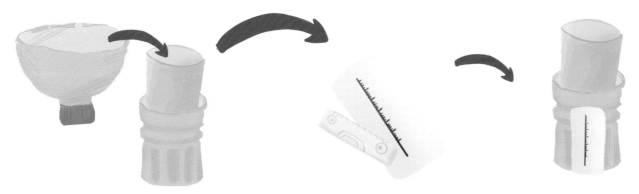

完成啦!

开始观测降雨量吧!

活动任务 3: 寻找周围的应急工具

我找到的应急工具

1.

2.

3.

4.

寻找周围能帮助我们逃生的应急工具，
熟悉防灾路线和周边的应急防灾场所。

活动任务4：制定家庭防涝指南

家庭防涝指南

观看城市内涝防灾视频，了解城市内涝
灾害，并制定家庭防涝指南。

防灾表
1. 远离低洼处
2. 当心·下水井盖
3. 远离电线杆……
4. ……
……